讲给孩子们的科学思维课

请回答！
外星生命体

〔韩〕李康焕 著 〔韩〕洪成志 绘 周 珺 译

河南科学技术出版社

· 郑州 ·

이강환 선생님이 들려주는 응답하라 외계생명체

Text ©Kanghwan Lee, 2019 Illustration ©Seongji Hong, 2019

All rights reserved.

The simplified Chinese translation is published by Henan Science and Technology PRESS Co.,Ltd. arrangement with Woori School Publishing Co. through Rightol Media in Chengdu.

本书中文简体版权经由锐拓传媒旗下小锐取得(copyright@rightol.com)。

备案号：豫著许可备字–2021–A–0169

图书在版编目（CIP）数据

请回答！外星生命体/（韩）李康焕著；（韩）洪成志绘；周珺译.—郑州：河南科学技术出版社，2022.6

（讲给孩子们的科学思维课）

ISBN 978–7–5725–0771–7

Ⅰ.①请… Ⅱ.①李… ②洪… ③周… Ⅲ.①地外生命–少儿读物 Ⅳ.①Q693–49

中国版本图书馆CIP数据核字（2022）第056897号

出版发行：河南科学技术出版社

　　　　　地址：郑州市郑东新区祥盛街27号　　邮编：450016

　　　　　电话：（0371）65788613　　　65788642

　　　　　网址：www.hnstp.cn

责任编辑：慕慧鸽

责任校对：牛艳春

封面设计：张　伟

责任印制：宋　瑞

印　　刷：河南博雅彩印有限公司

经　　销：全国新华书店

开　　本：720 mm×1 020 mm　1/16　　印张：8.25　　字数：78千字

版　　次：2022年6月第1版　　2022年6月第1次印刷

定　　价：49.80元

如果遇见外星生命体，我们该怎么和他们打招呼呢？

　　宇宙中是否只有我们人类存在呢？长久以来，人类一直认为地球是宇宙的中心，相信所有一切都是以地球为中心运转的，所以不能接受除了地心说以外还有其他世界观的说法。

　　1600年，意大利哲学家布鲁诺在接受宗教审判后被处以火刑。他认为地球围绕着太阳旋转，宇宙中除太阳系之外还有其他星系，夜空中的星星就像地球一样作为行星围绕着除太阳以外的其他恒星旋转，而且这些行星也像地球一样存在着会呼吸的生命体。而这，只不过是400多年前发生的事情。

　　然而随着科学的发展，布鲁诺的学说一个一个都相继被证实了。现在我们都知道，地球围绕着太阳旋转，太阳只是银河系中无数恒星中的一颗，而恒星大部分都有像地球一样的行星围绕着它公转。那么，这些行星上真的会存在生命体吗？

　　虽然答案尚未可知，但我认为，人类的太空探索实践终将告诉我们答案。我们现在已经很清楚地知道，我们生活着的地球并不是宇宙中非常特别的存在，地球在宇宙中的位置也完全没有什么特别之处。当我们越是深入地认识太空，越是会确信宇宙中不可能只有我们人类存在。

有一张名为"暗淡蓝点"的照片，是由一艘无人外太阳系空间探测器——"旅行者1号"探测器拍摄的著名地球照片之一，显示的是地球在浩瀚宇宙中的样子。该照片是"旅行者1号"探测器在完成其首要任务后，调转照相机，回望地球时拍摄的，当时"旅行者1号"探测器已经飞过海王星。在这张照片里，地球看起来非

常渺小，小到甚至让人怀疑是不是探测器照相机的镜头上沾到的灰尘。

这个小小的一点是大约46亿年前在太阳系的星尘中诞生的。我们所知道的生命和人类所有的历史，都是在银河系尽头的太阳系上这仿若浮尘的一个点上形成和发生的。

宇宙星辰提供原料造就了我们人类，现在人类抬头凝望星辰，思考着"宇宙中真的只有我们人类吗？"这样的问题。而

且，科学家们也已经开始认真地着手进行有关外星生命体的研究了。

科学家们不仅要研究在宇宙极限环境中能生存下来的地球上的生命，寻找与地球环境相似的星球，还要计算宇宙中外星生命体存在的可能性，并探讨与外星生命体沟通的方法。

实际上，外星生命体早已成为科幻电影和小说中的常用素材，甚至一些人也真的相信UFO（Unidentified Flying Object，不明飞行物）的存在。发挥想象固然是件好事，但是如果不以科学事实为基础，我们的想法反而会陷入更贫乏、更狭隘的桎梏之中。

所以从现在开始，让我们跟随科学家一起穿越太空，尽情想象一下在宇宙的某处存在着外星生命体吧。虽然我们无法预知科学家何时能确认外星生命体的存在，但毫无疑问的是，这也许将成为人类历史上最重要的大事件之一。说不定我们中会有人成为第一个遇到地球以外的生命体的人类呢！

我们究竟会遇到什么样的外星生命体呢？如果外星人要让地球毁灭，我们该怎么办？科学家们对这些问题是有准备的，甚至如果人类遇到外星生命体该如何自我介绍，科学家们也早就已经准备好了。大家在读这本书的时候不妨想象一下，如果真的遇到外星生命体，你们会如何跟他们打招呼呢？

李康焕

目 录

如果有一天你遇到
外星生命体

你好，宇宙！你好，外星人！

我们生活在一个叫作地球的行星上。虽然完全感觉不到，但我们脚下的这颗行星其实是在以惊人的速度进行自转，并围绕着太阳进行公转，是不是非常神奇？"星星和银河是怎么来的呢？""宇宙的尽头有什么呢？""我也能去太空看看吗？"相信谁都会在偶尔仰望天空的时候发出这样的对于宇宙的思考。

天文学家们不是偶尔，而是每一天每一刻都在思考宇宙。天文学是研究人类长久以来对于宇宙的好奇心的古老学科。遇到我的人大部分都是平生第一次见到天文学家，如果你们在遇到我之前还认识其他天文学家的话，极有可能我和那个天文学家也很熟悉彼此。我举这个例子是想说明，世界上的天文学家并不多。既然是如此"珍贵"的会

面，你们会问我什么问题呢？

　　一定有人会问"最近天气会怎么样呢？"，但是天气的问题应该问气象学家，而不是天文学家。除了问天气，一定还会有一个问题，提问的人会有些犹豫地说："那个，UFO……""关于外星人……"提问的人在起了个话头后就含糊其词了，虽然很好奇，但可能直接问我会觉得有些尴尬。讲到天文学，是不是应该说些像宇宙大爆炸或者宇宙膨胀之类的话题？但是无论宇宙大爆炸和宇宙膨胀听上去多酷，人们最好奇的还是有关外星人的事情。

宇宙的某一处是否有着像人类一样智慧的生命体存在？他们会不会侵略地球？我们会不会有一天在学校门口就遇到外星人呢？有这样的疑问和好奇心是非常自然的。天文学本来就是寻求这些问题答案的学科，寻找系外行星是最近天文学的重要研究课题之一。

　　作为天文学家，我想给大家讲讲真正的外星生命体。外星生命体是指生活在地球以外的其他地方的生命体。虽然我们常常使用"外星人"这样的词语，但生命体并非只指人类，所以"外星生命体"是比较准确的表达方式。

　　我们应该是在电影或者电视剧里最常看到外星生命体。当然也会有人坚称他们亲眼看到了外星生命体，但至今尚未有人可以出示可被验证的确凿的证据。讲到外星生命体，很多人会联想到UFO，但UFO也只是无法确认的不明飞行物体，迄今为止能证明UFO和外星生命体有关系的任何证据都尚未被发现。

　　所以大家在读这本书的时候，脑子里

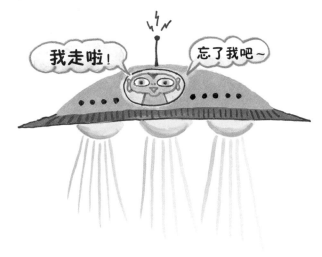

千万不要有类似"在某个秘密场所保管着外星人的标本"这样胡思乱想的念头。我在这里要讲给大家听的，是经科学家们无数次科学观测和探测发现的令人惊叹的新故事，例如发现了第二个像地球一样的星球。让我们带着对外星生命体纯真的好奇心向太空进发，去看看天文学研究迄今为止揭开的宇宙秘密吧！希望本书能给大家带来与众不同的思考和体验。

踏上寻找外星生命体的科学之旅

现在，让我们认真地思考一些关于外星生命体的问题。我们能不能遇见外星生命体呢？如果我们想要见到外星生命体，前提条件是外星生命体应该存在于宇宙的某个地方吧？那么外星生命体到底存在吗？如果我们根据那些制作精良的电影和电视剧来判断的话，外星生命体好像就生活在宇宙的某个地方吧？

　　宇宙是如此浩瀚无垠和神秘，我
们目前还不能绝对地说宇宙中没有外
星生命体。其实科学家们对于宇宙中
有没有外星生命体的意见几乎是一致
的。著名天文学家卡尔·萨根在其科
学著作《宇宙》中的一句话，应该能
很好地代表科学家们对于外星生命体
的看法：

　　"如果宇宙中只有地球上存在生
命体的话，那将是无法想象的宇宙空

间上的浪费。"

如果我们想要对这句话产生共鸣，首先需要知道宇宙究竟有多宽广，这样我们才能判断宇宙空间被浪费的程度，也能科学地推论出外星生命体是以何种面貌、何种形式而存在的。是的！如果我们要想遇见外星生命体，首先要熟悉宇宙的规模，那么，就请大家和我一起走出地球吧！

寻找
外星生命体

浩瀚宇宙中真的只有我们人类存在吗?

你们应该听过浩瀚无垠的宇宙大得无边无际的说法吧?那宇宙究竟有多大呢?首先让我们来一起看下右页所示的银河系的模样吧。

这不是一张照片,而是一幅画。因为我们也在银河系里,所以无法看到银河系的全貌,就像如果你身处在森林里就看不到整片森林一样,这个道理就是"只缘身在此山中"嘛。但是科学家们通过努力观察和认真研究,慢慢了解到我们银河系的样子。

就像画中呈现的那样,包含太阳系的银河系,其中心部位聚集了很多恒星,组成了像短棒一样的形状,而旁边还有螺旋状的旋臂。所以银河系被称为棒旋星系。从中心到边上的距离大约为5万光年,而太阳

光年

光年是指光在宇宙真空中走一年的距离,大约是10万亿千米。

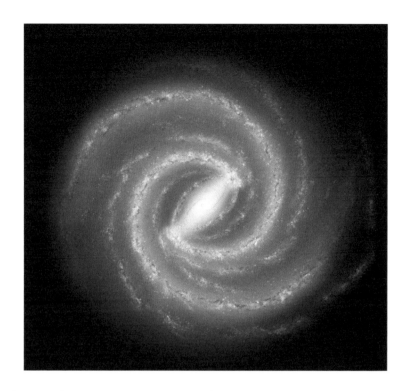

则位于距离中心3万光年左右的旋臂上。从侧面看上去，我们的银河系是扁扁的形状，正如同我们在晚上看到的夜空中的银河那样。过去，城市的夜晚尚未像现在这样明亮，人们用肉眼也能看到成千上万颗的星星和银河。银河之所以称为银河，是因为其带状分布的星群看起来像银光粼粼的河流。

图中的每一个点都是恒星。不同于月亮一类的卫星和地球一类的行星，恒星是像太阳一样可以自己发光发热的星体。在我们的银河系里，像这样的恒星至少有1 000亿颗。我们在这里稍微计算一下，就对宇宙究竟有多大有些感觉了。数字看起来有点大，但只要会乘法和除法的话，这是很简单的运算，所以大家一点都不用害怕。

其实1 000亿是一个比你们想象中要大得多的数字。设想一下，在一个睡不着的夜晚，大家躺着数一下我们银河里的星星怎么样？虽然每个人数数的速度不同，但让我们把问题简单化，假设数一颗恒星需要1秒钟的话，数1 000亿颗当然就需要1 000亿秒的时间了。那1 000亿秒究竟是多长时间呢？

1分钟是60秒，1小时是60分钟，所以1小时是$60 \times 60 = 3\ 600$秒。1天是24小时，也就是$24 \times 3\ 600 = 86\ 400$秒，然后1年是365天，即$86\ 400 \times 365 = 31\ 536\ 000$秒。知道了1年是31 536 000秒，我们就能计算出1 000亿秒大约等于多少年，只要用除法计算一下就可以了。

$100\ 000\ 000\ 000 \div 31\ 536\ 000 \approx 3\ 171$，这个答案告诉我们，如果我们以1秒钟数一颗恒星的速度把我们银河系里的恒星都数一遍，需要超过3 000年的时间。1 000亿这个数字是不是比想象中的要大得多？可是我们现在数的只是我们银河系的恒星，宇宙里可不仅仅只有我们银河系哦。

　　下面我们看一下真实的照片吧。上图所示的照片的名字是
"哈勃极端深场"，它是用哈勃太空望远镜拍摄的至今为止我们
人类可以看到的宇宙最远极限。

　　照片上的光点并非恒星，而是和银河系一样的星系，一个
小小的光点里大约聚集了1 000亿颗恒星。在这张照片里大约有
5 500个这样的星系，但其实这张照片所拍摄的空间范围在太空
中占据的领域比我们的指甲盖还要小。由于所有的星系不可能都
聚集在同一个位置，所以如果把太空里的星系像这样平铺开计算

的话，宇宙中至少有1 000亿个星系。

有1 000亿个拥有1 000亿颗恒星的星系，那宇宙中究竟有多少恒星呢？用1 000亿乘1 000亿，可以得到一个1后面有22个0的庞大数字，但这只是保守估计，实际上真正的数据可能要比这个数字大得多。

刚刚的这些只是计算了像太阳一样可以自己发光发热的恒星的数量。而太阳则统领着包括地球在内的8个行星，以及卫星、小行星等无数天体围绕自己旋转的太阳系。其他星系中的恒星周围当然也会有围绕其旋转的天体，这些天体的数量要比恒星的数量更多。所以说，宇宙中除了地球以外，应该还有很多可供外星生命体生存的世界。

宇宙大爆炸产生了构成宇宙的物质

仅仅是在500多年以前，人类还依然认为地球是宇宙的中心。但后来才知道，地球不是太阳系的中心，太阳也不是银河系的中心，我们的银河系也不是宇宙的中心。宇宙的中心是不存在的。地球在宇宙中的位置也丝毫没有任何特别之处。

　　给地球提供能量的太阳也只是一颗普普通通的恒星。因为离地球近，太阳是一颗我们可以深入研究和理解的恒星。天文学家通过对恒星的光谱进行分析，可以知道那些远处的恒星是由什么成分构成的。结果表明，太阳系的构成成分与其他星系和恒星的构成成分基本没有什么不同。如果大家知道构成宇宙的物质是如何形成的话，这个结论就非常容易理解了。

　　我们的宇宙是由138亿年前的大爆炸产生的。宇宙大爆炸后，宇宙中存在的所有物质的原料——夸克和电子产生了，紧接着，三个夸克聚在一起形成了质子和中子，两个u夸克（又称上

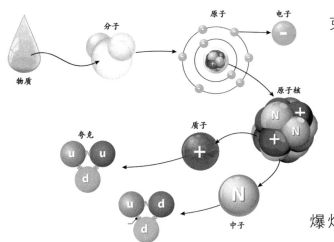

夸克）和一个d夸克（又称下夸克）结合形成质子，一个u夸克和两个d夸克结合形成中子。这些都是在宇宙大爆炸后1秒钟都不到的时间内发生的。

自然界中存在的元素和人工制造的元素共有100多种，这些元素的基本构成是很简单的。元素的原子核由质子和中子构成，原子核内的中子和质子的数量不同，构成的元素不同。我们呼吸时吸入的氧气和贵金属中的金子看上去是完全不一样的物质，实际上它们之间的差异只是原子核内质子和中子的数量不同而已。

所以说元素的性质是由其原子核中的质子数来决定的。有些元素要想

夸克

夸克是组成质子、中子等粒子的更小的粒子，有6个种类。

原子

原子由带正电的原子核和围绕原子核运动的电子组成。

变成不同的元素，其原子核必须经过聚变或者裂变反应，使得其原子核中的质子数量发生变化。原子核只由一个质子形成的元素就是氢。氢是宇宙中最简单也是最轻的元素。

元素

元素是指具有相同质子数的同一类原子的总称。

原子核里有两个质子就成了氦。氦的原子核里不仅有两个质子，还包括两个中子。像这样将两个质子和两个中子结合在一起形成氦的核聚变需要很高的温度和压力，所以这个过程是在宇宙大爆炸后的3分钟内完成的。

氢元素约占当时整个宇宙质量的75％，氦元素约占当时整个宇宙质量的25％。在宇宙大爆炸的过程中虽然也产生了锂和铍，但是其数量非常非常少，所以说宇宙大部分是由氢和氦组成的。

恒星和太阳系的诞生

宇宙中要想产生比氦更重的元素，就需要更高温度和压力的核聚变。但是宇宙大爆炸后温度和压力都变低了，核聚变也就无法发生。再次发生核聚变需要等上大约2亿年。

宇宙大爆炸后具有能发生核聚变所需的高温和高压的地方，就是恒星的中心部分。最早的恒星大约是在宇宙大爆炸2亿年后形成的。当这些恒星的中心部位发生核聚变时，宇宙中就产生了碳、氮、氧、硅、铁等元素。下图是蟹状星云，它是位于金牛座天关东北面的一个超新星爆发后的残骸所形成的星云。比铁元素更重的元素是在超新星爆发或中子星发生碰撞的过程中产生的。也就是说，自然界中存在的所有元素都是在宇宙大爆炸之后马上产生或者之后由恒星核聚变、超新星爆发、中子星碰撞产生的。

这样产生的元素通过恒星核聚变、超新星爆发或中子星碰撞等扩散到宇宙中，这些元素聚集再形成新的恒星。在宇宙大爆炸发生约90亿年后，太阳在恒星和恒星之间漂浮的星际物质中诞生了。这也只不过是距今大约46亿年前的事情。所以说，组成太阳的元素不仅有氢元素和氦元素，也包括其诞生前90亿年间在恒星中产生的其他的元素。

超新星

超新星，是指恒星演化过程中的一个阶段。超新星爆发是质量非常大的恒星在演化接近末期时经历的一种剧烈爆炸。由于这种爆发释放能量巨大，极其明亮，仿佛是产生了新的星星一样，所以被叫作超新星。

中子星

中子星是由某些超新星爆发后留下的残骸坍塌收缩而形成的。整个中子星都是由中子组成的。

无论何时何地都有生命的诞生

太阳诞生于大约46亿年前，在太阳诞生期间，它的周围形成了包含各种大小尘埃和气体的扁平状的圆盘。圆盘以太阳为中心旋转，在靠近中心的地方聚集了硅、氧、镁、铁等比较重的元素。这些元素在旋转的过程中聚集形成的行星就是水星、金星、地球、火星。在距离太阳较远的地方，形成了以较轻的元素即氢

　　和氦为主要成分的气态巨行星，它们是木星、土星、天王星、海

王星。

　　然后这样又过了大约8亿年，也就是距今约38亿年前，太阳

系的第三颗行星——地球上终于诞生了生命。构成生命体的元素

也就
是之前
宇宙大爆炸、
恒星核聚变、超新
星爆发和中子星碰撞过程
中产生的那些元素。然后，地球
上的生命体从最初无比微小的单细胞
生命体，经过漫长而复杂的进化和演变，最
终形成人类。

在漫长的进化过程中，生命体的形态和性质都发生了很大的变化，但也有完全没有改变的东西。无论是曾经存在于地球这个行星上，或是现在存活在地球上的任何生命体，都是以宇宙大爆炸、恒星核聚变、超新星爆发、中子星碰撞过程中产生的元素为原料形成的。构成人类身体的物质当然也都是来自星星。"我们

原来我们都是亲戚呀

都是星星的残骸"，这句话不仅是文学性表达，更是科学事实。

　　不仅是太阳和地球，宇宙中所有的恒星和行星都是在相同的过程中形成的。其构成元素也是宇宙大爆炸、恒星核聚变、超新星爆发、中子星碰撞过程中产生的元素。所以，在宇宙中，地球绝不是用特殊材料制作而成的什么特别的行星。也就是说，从构成元素这个角度上讲，地球并不是因为有什么特别之处才诞生生命的。

　　现在我们知道，浩瀚的宇宙中有太多的世界，从宇宙中各类星系、天体的演化过程看，我们所生存的地球并非绝无仅有的特殊存在，那么，认为其他星球上可能也会产生生命体的想法也不是不符合逻辑的吧？既然是由同样的原料构成的庞大天体，在宇宙深处的某个星球上也存在外星生命体的概率，要比整个宇宙中只有地球存在生命体的概率大吧？就像著名天文学家卡尔·萨根说的，在这样广袤无垠的宇宙中，如果只有地球上存在生命体的话，那将是无法想象的宇宙空间上的浪费。

关于恒星和行星，你知道多少？

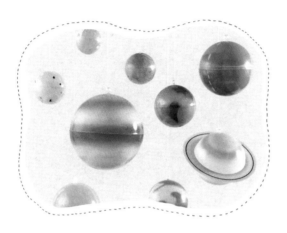

地球是恒星吗？

地球属于太阳系。太阳系中只有一颗恒星，那就是太阳。地球是太阳系中的一颗行星，同样的，水星、金星、火星、木星、土星、天王星、海王星和地球一样，都属于行星。

不是所有的星星都是恒星

天文学上的恒星是指中心温度超过一千万摄氏度，且能通过内部核聚变反应自体发光的天体。我们每天见到的太阳是恒星，像地球这样围绕恒星旋转的天体被称为"行星"，像月球这样围绕行星旋转的天体被称为"卫星"。

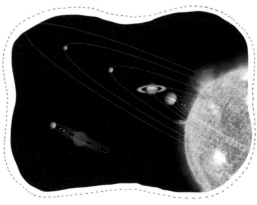

夜空中发光的并不都是恒星

行星的温度不像恒星那么高，并不能自己发光，而是靠反射恒星的光来发光的。在我们生存的太阳系里，恒星只有太阳一个，太阳系里其他所有的天体都不是恒星。

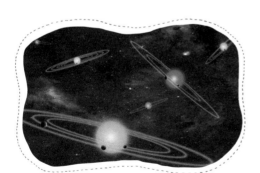

太阳系以外的其他星系

如果在太阳系以外的某个地方真的存在着生命体的话，那应该不会是在恒星上，而应该在围绕恒星旋转的行星或卫星上。现在，像统领着太阳系中行星的恒星——太阳一样，其他星系中的恒星正不断被发现。

33

宇宙生物学发现的
秘密

探索地球的宇宙生物学家

　　认为外星生命体可能存在的另一个根据是"满足生命体生存的环境是多种多样的"。探索地球外宇宙空间的其他星球上是否具备生物存在的条件，以及是否有生物的学科，叫作宇宙生物学。由于目前除了地球以外的宇宙空间中尚未发现生命体，所以宇宙生物学家常以地球生命体为主要参考对象，来展开宇宙生物学研究。

　　一些科学家认为，地球上最早的生命体可能出现在大约38亿年前。目前科学家在地球上发现的最古老的岩石，位于格陵兰岛西南部一个叫伊苏阿的地方的地层里，这个地层是在大约38亿年前形成的。科学家研究了该岩石中的碳元素，发现这种碳元素可能来自约38亿年前栖息在海洋中的菌类等微生物。碳元素为人类寻找地球上最早的生命体提供了间接证据，化石则提供了直接证据。

地球上最古老的生命化石是叠层石。叠层石中并没有古地质年代的动物或植物的遗体，而是微生物繁衍生息形成的生物遗迹，是微生物在生命活动过程中，将海水中的钙、镁碳酸盐及其碎屑颗粒黏结、沉淀而形成的一种像蘑菇一样的塔状化石。

蓝细菌

蓝细菌是地球上首种通过光合作用制造出氧气的生命体。

形成叠层石的微生物叫蓝细菌。它们生活在浅浅的温暖的水中，并且会分泌出黏糊糊的胶状物质。正是这些胶状物质和漂浮在海水中的矿物颗粒黏合在一起，形成了蘑菇形状的叠层石。

塔状的叠层石是由微生物形成的，这个事情是如何被科学家知道的呢？因为直到现在还有活着的叠层石在不断地生长，科学家就是利用现代叠层石的微观结构生长过程来推测古代叠层石的生长过程及其形态特征的。

在澳大利亚西部皮尔巴拉地区的浅海鲨鱼湾，科学家至今仍然能看到蓝细菌通过光合作用分泌胶状物质，和水里的浮游生物黏合起来形成叠层石的景象。科学家们以此类活着的叠层石为研究依据，得知了数十亿年前的叠层石也是由微生物形成的。

迄今为止最古老的叠层石大约是在37亿年前形成的，这也是至少在37亿年前地球上就出现了生命的有力证据。

最早的生命是如何诞生的？

地球的年龄大约是46亿岁，大约在38亿年前有了生命的痕迹，也就是说，地球在诞生约8亿年后出现了生命。但其实，在

大约39亿年前，由于和小行星及彗星的不断碰撞，那时的地球并不是一个可以产生生命体的星球。生命是在地球稳定了1亿年后才产生的。

地球上最初的生命是如何诞生的呢？这是一个非常难以回答的问题。由于没有确凿的证据，有的宇宙生物学家认为，最早的生命是从能喷射出滚烫热气的深海海底产生的。

在太平洋这样的汪洋大海中，有着一条高出两侧海底大约3 000米的巨大的山脉，它被称为"大洋中脊"，也叫"中央海岭"。科学家在大洋中脊处发现了"海底热泉"，其原理和火山喷泉差不多。海底深处涌出的熔岩，一遇到冰冷的海水便立刻凝固，形成坚硬而奇特的柱子。然后海水渗入海底地壳的缝隙中，遇到热岩浆，变成沸腾的水蒸气喷涌而出。海底热泉周围的温度可以达到400 ℃。水在1个标准大气压下达到100 ℃就会沸腾，但在深深的海底，由于压力很高，水的沸点可以达到400 ℃。

气压
气压通常指大气的压强，是作用在单位面积上的大气压力。

海底热泉里随着热水一起喷涌而出的还有各种化学成分。仅仅是几厘米的距离，温度的变化就在0~400 ℃之间。巨大的温差为生命体的诞生提供了很好的条件。这使得生命体需要的一些小分子在高温环境下合成后又快速降温，进而使之变得稳定而不易分解。

在大海深处的海底热泉处，太阳光无法照射进来，这里没有氧气，而且压力和温度都非常高，理论上是很不利于生命体生存的非常恶劣的环境。科学家后来发现，地球生命的起源就在海底热泉口附近，真的是非常神奇。而且在这样恶劣的环境中，至今还存活有生物。

一直到20世纪70年代，科学家们还都认为生物在大海里生存的界限是水下200~1 000米。一般来说，光线能照射进200米深的海水，如果是非常清澈的大海，水下1 000米的地方也会有微弱的光线。但是科学家经过探潜器实际勘探后发现，即使是水下10千米的深海中，也有很多包括鱼类在内的各种各样的生物。

在海底热泉如此恶劣的环境中，生活着形状好似香烟、长着红色的鳃的红冠蠕虫，眼睛退化看不见前后的盲虾；全身长满毛的毛蟹等。韩国的破冰科考船"ARAON"号对南极周边的大洋中脊进行了勘探，科学家们发现了至今未知的螃蟹和海星。

生活在连光都没有的深海中的生物们吃什么呢？

这里生存有能把从海底火山中不断喷出的氢和硫进行化学合成的微生物，深海生物们吃的就是这些微生物。红冠蠕虫索性和微生物共生，毛蟹则通过在自身绒毛中饲养微生物进行捕食。

如果说地球上的海底热泉中能够诞生生命，那么宇宙中的地球以外的其他地方，如果也存在着和海底热泉差不多的环境，是

不是也有可能诞生生命？与海底热泉环境相似的地方，在我们的太阳系也可能存在。木卫二（木星的卫星）和土卫二（土星的卫星）就是强有力的候选者。木卫二和土卫二表面覆盖着冰块，冰块下面有水，在两颗星球上存在着和地球深海的海底热泉环境相似的地方的可能性非常高。木卫二和土卫二上究竟有生命体存在吗？目前科学家还无法将这一猜测证实。

　　虽然对生命体来说，海底热泉是非常恶劣的生存环境，但地球上还有比这更差的地方。就像没有阳光、压力也非常大的地下数百米深的矿山，茫茫沙漠中的岩石里，常年温度都在0 ℃以下的永久冻土层，这样的地方也能存在生命吗？

在恶劣环境下依然能存活的极端微生物

在澳大利亚有一个叫大自流盆地的地下水区域，科学家们在大自流盆地地下940米深的地下水中发现了微生物。在这个完全没有阳光的地下水里，生物无法进行光合作用，所以这里生活着可以进行化学合成的微生物。地下深处不仅没有阳光，压力也非常大。能在高压下生活的生物被称为"嗜压生物"，由于深海中的压力也非常大，因此深海生物也可以被称为嗜压生物。

有些嗜压生物在1个标准大气压的环境里也能生存下来，但有些嗜压生物必须要在1 000个标准大气压这么巨大的压力下才能存活，如果转移到低压力的环境里它们就会死亡。生命体生活的环境真的是差异大得令人意想不到吧？

世界上最干燥的沙漠是位于南美洲西海岸中部的阿塔卡马沙漠。这里的年降水量最高为15毫米，有些地方一年降水量只有1毫米，甚至有些地方在气象观测局设立后一次也没有下过雨。美国国家航空航天局（NASA）的科学家们认为，阿塔卡马沙漠的地表环境和火星十分相似，他们曾在这里测试其寻找火星生命迹象的火星探测器。

在阿塔卡马沙漠这种极端干旱的环境中依然有生命存在。科学家们在阿塔卡马沙漠里发现了一些非常奇特的石头。石头表面的下方有一条深绿色的带状痕迹，科学家用显微镜仔细观察这条带子，发现是蓝细菌群落。

南极洲干谷堪称世界上最干燥的地方，这里几乎一年到头都是零下的气温且几乎不下雪，虽然在南极，但是这里没有被冰川覆盖而是一片荒山。科学家发现，这里的岩石上长着由白色的霉菌或是绿藻等生物构成的地衣，在岩石上"编织"着绿色或青绿色的带子。对于微生物来说，岩石就是沙漠中的绿洲，因为几乎大多数岩石里都有水。岩石周围的泥土里几乎没有微生物，但是在岩石上却存活着各种各样的微生物，这样的情况比比皆是。生活在岩石里的微生物被称为"石内生物"。石内生物依靠摄取岩石中含有的铁、钾、硫等极少量的元素而活着。如果把生活在地球极端环境下的微生物通过宇宙飞船送到太空里去会怎么样呢？有没有可能它们能在其他行星上存活下来呢？

看到这些在恶劣环境下依然顽强存活下来的生物，我们就知道，生命体并不一定只有在我们认为的"很好的环境"中才能生存。类似这些微生物的生命体在地球以外的星球上也有极大的可能性会存活下来。

生命体可以存活的最基本条件——液体

宇宙生物学家几乎在地球上所有的地方都发现了生命体，但其实生命体并不是在任何地方都能生存的。实际上，宇宙生物学家在地球上也发现了完全没有生命体存在的地方，那就是阿塔卡马沙漠中最干燥的、一个叫作永盖（Yungay）的地方。不论是在深深的海底还是在地底下，在岩石上还是在永久冻土中，都有生

命的存在，为何唯独这里没有呢？正是因为这里完全没有水。

即使在恶劣的环境下依然能生存的生命体，也不能在完全没有液态水的地方存活。至少在地球上，生命体能够生存的最基本条件是有液态的水。也就是说，哪怕只有一滴水，生命体也能存活下来。正因为如此，对于生命体来说，液态水起到了决定性的作用。

宇宙生物学家认为，不论是哪种生命体，要生存就必须有液体。为了维持生命，构成生命体的分子必须能在生命体的内外发生传递，分子通过固体是无法轻易地传递的，而通过气体的话又太容易扩散，所以生命体为了维持生命必须要有液体。

地球生命体诞生的基础就是液态水。宇宙生物学家已经确认，只要有液态水的存在，地球上再恶劣的环境中，生命体都能存活。宇宙是如此广阔，而生命又是那么顽强，科学家们一直在探索外星生命体是否真的存在。

生命体在太空里能生存吗？

地球上的大气层特别是其中的臭氧层，可以阻挡紫外线这样有害的光线对地球生命的伤害。但是太空中没有空气，宇宙射线也很强，生命体在太空中根本无法生存。如果生命体不穿太空服就出太空舱的话，可能根本没时间感受太空旅行的喜悦，几分钟就没命了。

但是有一种叫"水熊虫"的小动物却在太空里生存了下来。水熊虫体型极小，长度50微米到1.4毫米不等。它生活在潮湿的苔藓、沙子和水里等地方，不仅可以在极其干燥的环境下生存，还能在−270℃、150℃这样的极端温度下生存，甚至能在对其他生命体来说是致命的高强度辐射环境中生存下来。

欧洲航天局（ESA）的科学家们曾把脱水状态下的水熊虫送上太空，并将其暴露在太空中10天，之后再将其带回地球放置在水里，令人惊讶的是，大部分的水熊虫又复活了。我们一直说蟑螂是"打不死的小强"，意在表明其生命力很强，但能在太空这样极端环境下生存下来的水熊虫才是所谓的"宇宙最强生命体"吧！有一种说法是，土星的卫星——土卫二上的深海具备水熊虫可以生存的条件。

要想杀死像水熊虫一样的生命体，行星上的所有大海都要"沸腾"起来。如果这样的话，只可能是行星和其他巨大的小行星发生碰撞，或者是附近的超新星爆发，再或者是比太阳质量大100倍的恒星坍塌成黑洞且放射出强烈的伽马射线。可见，要想完全清除某个星球上的生命是件很难的事情。

地球生命体和外星生命体
的相同点和不同点

太空里的"水"比想象中的要多

不管是哪个种类的生命体，为了存活下去都需要液体。虽然这个液体不一定必须是水，但是宇宙生物学家通过研究得到的结论是，水是最好的材料。为什么呢？

水是目前我们所知道的所有物质中，能在最大的温度范围内保持液体形态的物质。可以替代水的液体有液态氨和液态甲烷，但它们只能在非常低的温度下保持液体状态。液态氨在−33.35 ℃沸腾变为气体，液态甲烷在−161.5 ℃沸腾变为气体。液体的温度如果很低的话，化学反应会变得很慢，生命也会不易维持，但这也并非完全不可能。科学家们认为，拥有液态甲烷湖泊的土卫六——泰坦星上可能有生命体的存在。

特殊的化学结构是水的另一大优点。水分子由一个氧原子和两个氢原子组成，两个氢原子不是水平分布在氧原子的两边，而是形成了约104.5°的夹角，这一特殊结构使得水分子带有极性。就像是磁铁一样，水分子整体在氧原子一端带负极性，在氢原子一端带正极性。由于正负极性之间相互吸引，所以当水分子遇到其他极性分子时，就会与其结合，打破物质的原有结构，这就是为什么水能成为很好的溶剂。水可以溶解蛋白质等各类生命分子，给所有组成生命的分子一个环境，让它们动起来、关联起来，为生命实现提供可能。水具有的强溶解能力使其成为维持生命的不可缺少的物质。

水在构成生命体的生活环境方面也起到了非常重要的作用。因为水分子是极性分子，水分子之间相互吸引，所以改变水分子的热振荡频率就比其他常见的液体难度大些。热振荡频率代表什么？水分子的热振荡频率越大，水的温度越高；相反，水分子的热振荡频率越小，水的温度越低。换句话说，改变水的温度的难度就比其他常见液体难一些。水具有的慢慢提高温度、慢慢降低温度的这一性质，在物理学中叫"水的比热容大"。水的温度波动小，为生命提供了适宜的生存环境。

水还有一个特性是，水的密度在液体状态下要比在固体状态

下大，所以冰块会浮在水面上。因为这种特殊的性质，即使冬天湖泊或者河流的表面结冰了，冰层下面也有液体状态的水，这也为生命体提供了生存的空间。

正是因为水具有很多优点，地球上的生命体将水作为维持生命所必需的液体。但是地球以外的地方也有很多水吗？

水由氢元素和氧元素组成，而氢元素和氧元素不就是宇宙中最常见的元素吗？事实上，有一个现象在最近几十年得到了科学家的不断证明，那就是宇宙中到处都存在着水分子。所以只要温度合适，宇宙中的其他地方就有可能存在液态水。

如果说外星生命体的生存也必须使用某种液体的话，那这种液体最有可能就是水了。水有很多适合生命体使用的优点，而且水在宇宙中很常见，生命体也没必要特意使用其他的液体，这也是合乎逻辑的吧？所以，寻找外星生命体的宇宙生物学家们首先会看那个地方是否存在液态的水。

地球生命体的核心成分vs外星生命体的核心成分

虽然定义生命体不是一件很容易的事情，但可以确定的是，如果要形成某种结构并进行繁殖的话，就要有分子形态。因为分

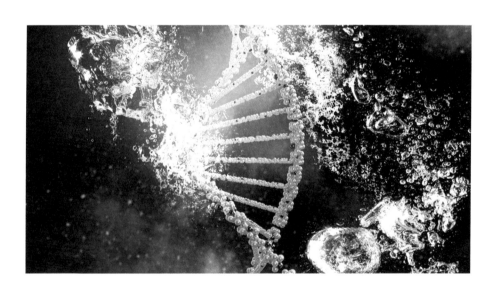

子由原子构成，所以科学家只要知道哪些原子组成了生命体的核心成分就可以了。地球上所有生命体中最重要的成分除了水以外就是碳了，所以地球上的生命体也叫作"碳基生命"。

蛋白质、脂肪、碳水化合物、DNA等构成生命体的重要分子，都是在碳链上加入氢、氧、氮等各种不同的原子而形成的结构。碳原子可以同时与多达4个不同的原子进行化学结合，也可以和其他碳原子进行强大的双重结合。

如果生命需要碳元素，就必须能够从自然界中获取碳元素。植物就是这么做的。植物可以利用大气中的二氧化碳，通过光合作用来获取碳。然后动物通过摄取植物，或者摄取已经获得碳元素的其他动物，从而来获得碳。

除了碳原子以外，另一个能同时和4个原子结合的是硅原子。因此，以硅元素为主要成分的外星生命体经常出现在科幻电影和小说中。但是硅成为生命体的基础是有很多缺点的。

硅原子虽然和碳原子一样可以和4个原子结合，但是比碳的

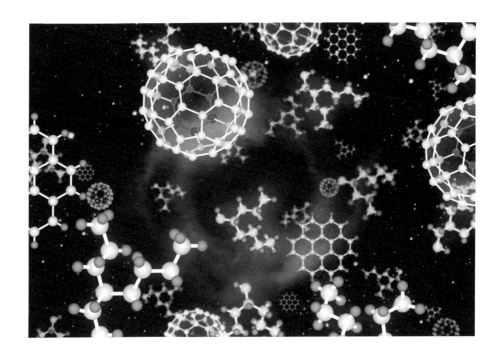

结合力要弱很多，结合关系很容易破裂，所以很难形成活性细胞的构造。硅不进行双重结合，分子结构不够多样化，化学反应的范围也不广。硅大部分都是以矿物形态的固体存在，生命体要提取硅元素并不容易。

　　所以科学家们认为，硅基生命实际上很难存在。特别是在地球表面，硅的量要比碳多1 000倍，但却没有一个由硅构成的生命体。地球生命体选择碳的原因并不是因为碳在地球表面很常见，而是它对形成生命体最有利。

　　生命体的诞生是经过漫长时间反复进行无数的化学结合后偶

然发生的事件，所以使用最有利于产生化学结合的元素——碳元素也是理所当然的。科学家认为，有了好用的碳元素，以更难的硅元素为基础来形成生命体的可能性并不高。

包括碳元素在内，构成生命体的主要元素氢、氧、氮、磷、硫，都是宇宙中很常见的元素。宇宙中所有的元素都是由宇宙大爆炸或者恒星演变过程中产生并均匀地散布，所以我们没理由说整个宇宙中只有地球上的这些元素特别多。宇宙生物学家认为，外星生命体和地球生命体一样也是碳基生命的可能性比较大。

实际上，科学家从太空飞来的陨石上、星际物质上都已经发现了由碳组成的有机物质。我们还不知道有机物质是如何演变成生命体的，但是从地球在很短的时间内诞生了生命这个事实，可以推测出存在有机物质的行星上也会比较容易产生生命体。如果这个猜想是正确的，宇宙中应该有很多地方都存在生命体。

外星智慧生命体长什么样？

科幻电影或科幻小说中出现了汽车外星人、石头外星人等各种由奇怪物质组成的奇形怪状的外星人。其实地球上的生命体也有各种奇奇怪怪的样子。地球上的生命体种类繁多而且形态各异，几乎所有我们能想象出来的某个奇怪模样的外星生命体，都会有与之相似的生命体存在于地球的某个地方。

那就让我们用观察到的地球生命来推测一下外星生命体是什么样子的吧。我们真正关心的不是微生物，而是像人类一样拥有智慧的外星生命体，所以让我们来推理一下它们的样子吧。外星生命体要像人类一样拥有智慧，会使用工具从而创造文明必须具备一定的条件。宇宙生物学家大致对以下三点达成了共识：

1. 拥有感知周围环境的视觉能力或感觉器官。

2. 拥有能抓住东西的手指或触手，或者拥有钩子状的手指甲或脚指甲。

3. 有类似语言的沟通媒介。

专门研究外星生命体的SETI研究所的天文学家赛思·肖斯塔克根据上面这三个条件，以及一些其他的依据，创造了外星智慧生命体"乔（Jo）"的形象。

外星生命体乔为了辨别距离需要有2个以上的眼睛，为了尽可能看到更远的地方，眼睛位于身体的上方，虽然多几个眼睛似乎会比较好，但其实如果长太多眼睛的话大脑会很难控制，所以眼睛最多不会超过3个。同样的道理，胳膊和腿也不会太多。

这样创造出来的外星生命体乔拥有和我们人类基本上相似的外貌。当然，在我们想象不到的环境中，也有可能出现完全无法想象的外星生命体。科学家们经过合理推测得到的结论是，如果真有外星智慧生命体的话，极有可能是在和地球非常相似的环境下产生的，其外貌也可能和人类没有太大的差异。从目前的推论来看，科幻电影中经常出现的和我们人类看上去差不多的外星人，也并非毫无根据。

如何计算宇宙中存在外星智慧生命体的概率？

虽然说宇宙中可能存在的外星生命体会有很多，但那些生命体诞生后会成为和人类一样的智慧生命体吗？究竟和我们相似的智慧生命体有多少呢？这些问题不容易回答，但是我们可以通过科学的推断来寻找答案。

其实不需要太多的数据，我们只要记住宇宙的年龄大约是138亿年，地球的年龄大约是46亿年，而我们生存的银河系里最少有1 000亿颗恒星，对应至少1 000亿个恒星系统，现在我们就用这些基本的条件来计算一下。只需要用到乘法和除法，所以大家不要觉得这个数学运算很吓人。

提前说明一下，这个计算包括几个假设，计算结果取决于这些假设是否正确。如果假设条件发生变化的话，结果也会发生变化，所以我们也可以思考以下几种不同方向的结论。

首先我们来思考在银河系的至少1 000亿个恒星系统中，存在智慧生命体的恒星系统的概率有多大。遗憾的是，目前我们还没有办法知道这个概率，我们只能期待有朝一日和他们相遇。既然如此，让我们随意定一个大一点的概率怎么样？好，我们把这个概率定为一百万分之一吧。假设我们银河系中的1 000亿个恒星系统中有一百万分之一的恒星系统中存在智慧生命体，那么就是说，银河系中存在智慧生命体的恒星系统有10万个。

接下来让我们再思考宇宙中第一个智慧生命体是什么时候诞生的。宇宙的年龄大约是138亿年，构成生命体的元素都来自其所生存的恒星系统，所以要诞生生命的话，首先需要足够的时间让恒星系统形成元素，而且生命体诞生后，要进化到可以形成文明的程度还需要更多的时间。比如说，地球诞生于大约46亿年前，而人类的文明发展到现在还不到1万年，由此可推理出地球上产生智慧生命体用了差不多46亿年的时间。从宇宙的历史来看，人类可以说是最近刚刚出现的智慧生命体。

为了使计算更简单，我们就假设宇宙最初的智慧生命体在距今大约50亿年前诞生吧。50亿年前的时候，宇宙的年龄大约是88亿年，而最早的恒星系统是在距今约130亿年前形成的，其在50亿年前也已经80亿岁左右了，所以，在这个最早的恒星系统中形成生命的构成元素，继而诞生出生命体并进化成智慧生命体的时间很充分了吧？

根据这两个假设，我们银河系有10万颗适宜居住智慧生命体的星球，而最早的智慧生命体是在大约50亿年前开始出现的。但最早的智慧生命体即使是在50亿年前开始出现的，也不会一下

子在同一时间一起出现

吧？所以，我们推测从50亿年前

开始，智慧生命体开始随机地出现，这样

的推测也会比较合理些。

　　随机出现的意思就是隔一段时间就会出现，50亿年内在10万

颗星球上有智慧生命体出现，用50亿除以10万，也就是我们银河

系平均5万年就会出现智慧生命体。人类文明的发展到现在还不到1万年，所以在我们人类之后诞生的智慧生命体尚未出现，而比我们稍早出现的智慧生命体是在迄今5万年前诞生的。

正如前面所说的那样，这个结论会随着假设条件的变化而变化。比方说，如果智慧生命体存在的概率不是一百万分之一，而是一千万分之一的话，那么智慧生命体出现的间隔时间也会增加为10倍，达到50万年。但倘若概率提高到十万分之一的话，间隔时间也会相应减少到5000年。而且，我们银河系中的恒星数量最少为1 000亿颗，但如果是2倍也就是2 000亿颗的话，那么间隔时间也会减少一半。

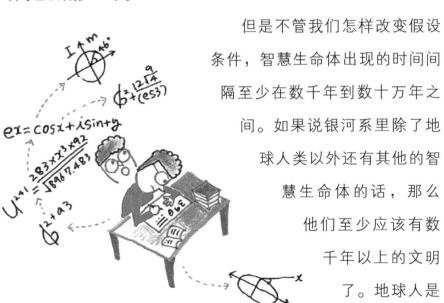

但是不管我们怎样改变假设条件，智慧生命体出现的时间间隔至少在数千年到数十万年之间。如果说银河系里除了地球人类以外还有其他的智慧生命体的话，那么他们至少应该有数千年以上的文明了。地球人是在银河系中出现得比较晚的智慧生命体。

那么，外星生命体的文明会是什么样子的呢？人类文明的发展还不到1万年，但是未来几百年以后的文明已很难想象。究竟几千年后我们人类文明会变成什么样子呢？它与我们期待的外星智慧生命体文明是相似的还是不同的呢？推论引导了计算，计算后引发想象，想象又会再次推动科学的探索和进步，如此循环往复，引领着我们探索未知、走向未来。

曲速引擎和
虫洞

恒星之间令人惊叹的遥远距离和恐怖的空旷空间

许多科幻电影描述了比我们人类文明更先进的外星文明侵略地球的故事。再加上之前我们也计算过了，如果真的存在外星生命体的话，他们的文明程度可能会比我们发达至少数千年，那电影里的故事是不是真有可能会发生呢？天文学家对外星生命体是否会侵略地球一直在进行科学的探究。

既然宇宙可以容纳数量庞大的恒星，那么宇宙应该超级宽广吧？宇宙的广袤无垠是超乎想象的，所以我们还是先定下心来观察我们的太阳系吧。

让我们先从地球开始观察。绕地球一圈的距离是多少呢？地球的半径大约是6 400千米，所以地球的周长大约是4万千米。从地球到月球的距离是多少呢？平均距离大约是38万千米，如果近似看成40万千米的话，地球和月球之间的平均距离和绕地球10圈的距离差不多。从地球到月球的距离相当远吧！

太阳有多大呢？太阳的半径约70万千米，比地球到月球的距离还要长得多，把地球和月球一起放到太阳里都绰绰有余。如果用体积来计算的话，太阳里大约可以容纳130万个地球，现在大家能感觉到太阳有多大了吧！

接下来，我们来看整个太阳系吧。太阳系由太阳和环绕在太阳周围的天体构成，这些天体包括行星及其卫星、矮行星、小行星、彗星和星际物质。太阳系中的八大行星，按离太阳从近到远的顺序依次为水星、金星、地球、火星、木星、土星、天王星、海王星。比海王星更远的就是柯伊伯带，柯伊伯带里面有成千上万的天体，冥王星就位于其中。太阳的直径大约是140万千米，因为太大，所以我们很难想象出太阳究竟比其他星球大多少。我们

你们这些小·不点

我是地球

　　把太阳系整体都缩小来看看。我们把太阳系整体缩小到一百亿分之一的规模，那么太阳就变成了一个直径为14厘米的球，大概同一个大苹果差不多大，木星如一颗葡萄般大，天王星如一颗樱桃般大，现在你们的脑海里是不是有大致的画面了？

　　按这个比例缩小后，地球和太阳之间的距离是15米，地球的直径是1.2毫米，也就如圆珠笔的

笔尖上那个小钢珠般大。我们用这个比例制作太阳系的模型会是什么样子呢？想象一下，在一个边长30米的大礼堂中间有个像苹果一样大的太阳，墙角有一个圆珠笔尖那么小的地球。剩下的呢？除了比房间角落里的地球更小的水星，以及和地球差不多大小的金星之外，余下的都是空旷空间。

　　按照这个比例缩小后，太阳到冥王星的距离大约为600米。如果要做一个把冥王星也包括进去的太阳系模型，需要一个边长1千米的巨大的运动场。此时的太阳系模型，就像是在这个巨大的运动场的中间放着一个苹果，附近有几个圆珠笔尖和一些小得看不见的灰尘，还有两颗葡萄和两颗樱桃。

太阳系中的小行星和彗星等小天体实在太小了，用灰尘来形容都大。被缩小到一百亿分之一的太阳系模型，可以视作是100个足球场大小的空旷的运动场。

离太阳最近的恒星是比邻星（Proxima Centauri），距离我们大约4.2光年。在把太阳缩小到苹果大小的模型里，太阳与最近的恒星——比邻星之间的距离是多少呢？大约是4 000千米。

从北京到济南的距离是400千米左右，如果在北京有一个苹果一样大的太阳，要遇到另一个苹果大小的恒星，需要走10倍的北京到济南之间的距离。而这两个苹果之间有什么呢？什么都没有，只有黑漆漆的空旷空间。宇宙中虽然有无数的恒星，但是恒星之间的距离非常非常遥远，宇宙真的是大到无法想象啊！

因为恒星之间的距离实在是太遥远了，所以我们实际上无法

前往其他恒星。人类目前去过的星球只有月球，在缩小模型里，地球到月球的距离只有4厘米。到现在为止只走了4厘米的人类要走4 000千米，还需要多长时间才能做到呀？

虽然距离1969年人类第一次成功登月已经过去了50多年，但是目前人类要登陆火星还是件十分困难的事情，因为和月亮比起来，火星离我们的距离实在太远了。太空探测器从地球飞到月亮大约需要3天的时间，但是从地球飞到火星需要6个月。而且由于月球围绕着地球转动，相比于其他行星，地球与月球之间的距离很近，所以航天器随时可以从月球返回地球。但是火星就像地球一样，也是围绕太阳运转的，往返地球与火星之间的航天器需要在两者距离最近时出发。根据地球与火星位置的关系，每26个月火星会有一次距离地球最近的机会，这也是航天器发射的最佳时间窗口。从这一点来看，假使人类能够飞到火星，也要在太空中旅行两年多才能回来。

以光速去太空旅行需要多少时间？

事实上，人类只是太空旅行的初级玩家。1977年人类发射的空间探测器"旅行者1号"以每秒17千米的速度飞行，这个速度大约是子弹速度的17倍，直到近几年它才到达太阳系的边缘。如果人类以这个速度飞到离我们最近的恒星——比邻星需要多长时间呢？

1光年大约是10万亿千米，比邻星距离地球大约4.2光年，也就是42万亿千米。人类制造的最快的宇宙飞船是每秒20千米左右，以这个速度走42万亿千米的话，42 000 000 000 000÷20=2 100 000 000 000秒，1年是31 536 000秒，再做个除法，2 100 000 000 000秒就大约是66 591年。也就是说，现在人类制造的最快的宇宙飞船要想前往离我们最近的比邻星，需要6万多年的时间。

如果人类想在浩瀚的太空中随心所欲地旅行，必须要有比目前更加先进的技术。比目前最快速度快10倍的话需要6 000多年，快100倍的话需要600多年。但是更大的问题是，航天器并不能无限度地提速。

爱因斯坦的狭义相对论指出，任何物体的速度再快也不可能超过光速。根据狭义相对论，运动物体的速度越接近光的速度，运动质量（物体运动时的质量）就越大，当达到光速时，运动质量就无限大。这样的事情是不会发生的，所以带有质量的物体无论怎么加速都无法达到光的速度。

宇宙飞船的速度虽然不能超过光的速度，但是如果能加速到接近光速又如何呢？这个方法也很难行得通，因为这样宇宙飞船需要非常多的能量，也就是说要装载比目前宇宙飞船的质量多1万倍以上的燃料。

而且即使以光的速度，人类也是不能尽情在太空中遨游的。因为光速在广袤无垠的宇宙中也实在是太慢了，人类往返到最近的恒星——比邻星也需要8年多的时间。如要人类想再飞得远些，那么最起码也要几十年。所以说，人类要想畅游太空，必须要比光的速度移动得更快才行，这真的可能吗？

曲速引擎和虫洞

在科幻电影中，所有的太空旅行都是靠比光速更快的超光速宇宙飞船来实现的，如果没有这个假设基础，故事本身就没办法展开。以超光速旅行的方法而闻名的一个例子，是著名的《星际迷航》系列电影中首次出场的"曲速引擎"。

在狭义相对论中，宇宙飞船的速度再快也不能超过光速，但根据广义相对论的理论，空间是可以弯曲的，曲速引擎正是利用这个理论。简单地讲，在宇宙飞船前进时，它会压缩宇宙飞船前方的空间并且扩张宇宙飞船后方的空间。就像我们冲浪时，冲浪板后方突起的膨胀的海浪会推着我们前进一样，扩张的空间会推着宇宙飞船往前飞。

虽然这个弯曲空间可以比光速移动得更快的概念是首次在电影中出现，但是有科学家证明这个方法在理论上是可行的。电影《星际迷航》的粉丝，墨西哥物理学家米格尔·阿尔库比埃尔在1994年发表的《曲速引擎：广义相对论内的超光速航行》论文中，提出了"在广义相对论的范围内可以使空间扭曲来实现以任

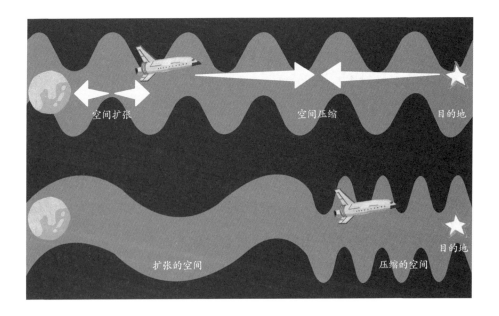

意速度进行太空旅行的方法"。

阿尔库比埃尔提出了在电影里出现的超光速飞行至少在理论上是可能的，但理论上的可能并不代表实际上可行。问题是，要使空间发生扭曲需要巨大的能量。

更大的问题是，为了让曲速引擎成为可能，宇宙中需要一种具有负能量的"特殊物质"，这种带负能量的特殊物质至今尚未被发现，到底这种物质是否存在也是一个未知。当然，目前人们也不知道这种负能量的特殊物质是否能被制造出来。

另一个实现超光速移动的方法是在电影《星际穿越》中出现的，那就是大名鼎鼎的"虫洞"。简而言之，虫洞就是在太空里打洞来使得物质从一个地方快速移动到另一个地方的方

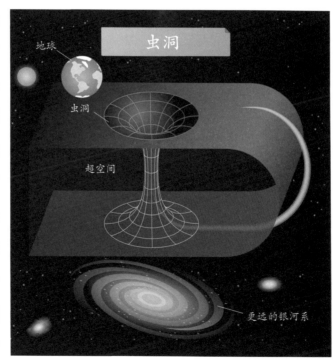

法。

虫洞在理论上也是存在的。1930年，爱因斯坦和他的同事纳森·罗森一起提出了这个理论，所以虫洞也被称为"爱因斯坦–罗森桥"。作为电影《星际穿越》科学顾问的物理学家基普·索恩，找到了一种人类通过虫洞就可以进行太空旅行的方法。

虫洞和曲速引擎一样，也需要巨大的能量和具有负能量的特殊物质。打开一个1米宽的虫洞所需的负能量的质量抵得上木星

基普·索恩

基普·索恩因在LIGO探测器和引力波观测方面的决定性贡献，获得了2017年诺贝尔物理学奖。

的质量，而且我们至今尚未找到具有负能量的物质。

创造虫洞也许要比曲速引擎更加困难。认为通过虫洞可以进行太空旅行的基普·索恩也承认，"我也不知道如何在太空里制造虫洞"。

针对为何在电影《星际穿越》中设定了高维度生物在土星附近制造了虫洞这个问题，基普·索恩也给出了理由："比起人类在100年内可以进行星际旅行的可能性来说，在某一天突然出现虫洞的概率可能更高。"

UFO真的存在吗？

UFO就是不明飞行物，指的是一切来历不明、身份不定、无法用目前的科学道理给出一个真实论断的飞行物。有些人认为，这种不明飞行物就是外星生命体驾驶的宇宙飞船，而有些人则不这么认为。那么，到底有没有外星生命体呢？不同的人有不同的回答，我当然也有自己的回答，下面就跟着我来一起探索吧。

如果外星生命体穿越遥远的宇宙来到地球，不管是以接近光的速度飞行数十年，还是通过曲速引擎或虫洞来到地球，无论是

用了什么方法，他们所拥有的都是我们无法比拟的更高水平的科学技术。如果他们真的是用曲速引擎或虫洞的方法来到地球，在我们地球人眼里，那就是比魔法还要神奇的科技了。

如果拥有这种科技水平的外星人真的存在，一旦他们下定决心要征服地球并发起攻击的话，我们是没有任何反抗之力的；而如果他们真的曾经访问过地球，那么至少他们没有侵略地球的想法，因为目前地球还没有被占领。如果外星文明已经发展到拥有如此高的科技水平，那么他们也许就不会有侵略其他行星的低级意识。

我认为，在网上经常能看到的UFO不太可能是外星生命体的飞行器。虽然UFO的移动可能是现在人类技术尚未达到的水平，但它作为穿越太空的飞行器也未免有些太低端了。如果真的存在外星生命体且他们能来到地球，就说明外星生命体已经掌握了随意扭曲空间或是制造虫洞的高科技水平，他们几乎没有可能因为失误而给我们留下被发现的痕迹吧？

我们人类还要发展多久，才能像科幻电影里那样随意穿梭在太空中，自由自在地畅游宇宙？科学家目前还无法知晓，也许短则需要几百年，长则需要几千年甚至上万年。为了实现这个目标，人类首先要设法生存下去，没准儿这是比遇到访问地球的外星生命体更难的事情呢。

探索红色行星——火星上的生命体

火星上住着火星人吗？

目前来说，我们不大可能遇到其他星球上的外星生命体，除非拥有高级文明的外星生命体真的存在并且造访过地球。外星生命体真的存在吗？为了解开这个疑惑，人类一直在探索。首先，让我们来看看太阳系中除了地球以外的其他星球是否存在生命。

为了在地球以外寻找到生命体，人类对火星进行了多次研究。火星在群星之中闪烁着明亮的红色，从很久以前就开始受到人们的关注。火星看上去是红色的原因，其实和人类的血液是红色的原因是一样的。血液是因为红细胞里的血红蛋白含有铁原子，它和氧气结合会变成红色。这和铁生锈了以后变红是同样的道理。火星的表面有大量由氧气和铁结合而成的氧化铁，所以看起来是红色的。古人看到这红色的行星联想到了血，所以给它取了罗马神话战神马尔斯（Mars）的名字，这就是火星英文名

"Mars"的来源，似乎还是有点意思的吧？

在火星上可能存在智慧生命体的想法，在19世纪后半期到20世纪初非常流行。19世纪中期，人类已经知道了火星的自转周期和地球相近，火星上一天的长度也几乎和地球的一天相同，两个星球自转轴倾斜的角度也差不多，所以火星应该和地球一样也有季节的交替变化。

火星上明亮的部分被认为是陆地，黑暗的部分被认为是大海，所以人们很自然地推测火星上肯定有某种形态的生命体。由于这个想法太过深入人心，表示火星人的英语单词"Martian"至今还保留在英语词典里。

1877年，意大利天文学家乔瓦尼·斯基亚帕雷利在火星最接近地球的时候，用直径约22厘米的望远镜观测了火星，并绘制了火星表面的地图。他在火星表面观测到了由线性特征地形连接在一起的区域，并用意大利语称之为"Canali"，意思是"水道"或者"暗沟"，但是该词在翻译成英语时却被误译成了表示"运河"意思的"Canal"。当时，连接太平洋和大西洋的巴拿马运河正在建设之中，"运河"这个词语自然而然地让人联想到是智慧生命体人工开凿的水路。

受此影响，美国天文学家珀西瓦尔·洛厄尔于1894年在亚利桑那州建造了一座以他的名字命名的天文台，开始观测火星。他花了10多年的时间观测火星，描绘出火星"运河"的地图，并认为这肯定是火星上的智慧生命体挖掘的。

洛厄尔的观点得到了许多人的支持，再加上1898年科幻作家威尔斯发表的小说《星际战争》，更使人们确信火星上存在十分好战的智慧生命体。这部小说讲述的是火星人入侵地球的故事。1938年，美国一家广播公司根据这部小说改编的广播剧《火星人入侵地球》播出后，剧中的火星人攻击地球的新闻被人们误以为

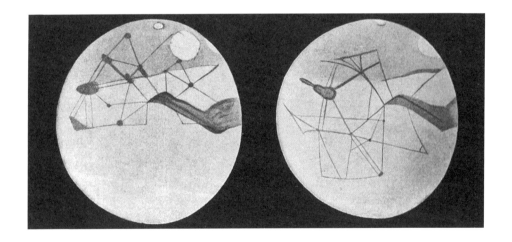

是真实的新闻，引发了巨大的骚乱。小说《星际战争》以"大战火星人"为主题被多次拍成电影，成为了日后无数外星人入侵地球的科幻电影的鼻祖。

虽然很多人对于洛厄尔的观点深信不疑，但天文学家们对他的立场却投来了怀疑的目光。1908年，新建立的威尔逊山天文台的望远镜直径达到1.5米，比洛厄尔使用的直径60厘米的望远镜更先进。用这台望远镜观测火星的天文学家们表示，在火星上完全找不到运河。

1960年，人类首次尝试发射火星探测器，至今世界各个航天大国进行了几十次火星探测任务。1976年，美国发射的火星探测器"海盗1号"和"海盗2号"登陆火星，向地球传送了首批火星表面图像。火星就像一个拥有巨大峡谷和巍峨高山的荒漠，而对于洛厄尔主张的运河或者智慧生命体则完全找不到任何痕迹。

在火星上发现的圆形砾石和鹅卵石

火星的直径大约是地球的一半，体积大约只有地球的七分之一左右，所以地球相当于7个火星那么大。火星的体积大约是地球的七分之一，但是质量大概是地球的十分之一，可见火星的密度要比地球的密度小，火星上的重力也大约只有地球上的三分之一。虽然很多人知道火星是和地球非常相似的行星，但实际上，它比地球要小得多。

　　火星上一天的长度为24小时37分钟，与地球几乎相同，自转轴的倾斜角度为25.2°，也与地球相似，也会发生季节变化。但是火星的公转周期大约为687天，接近地球时间的2年，所以火星上的四季，每个季节的长度是地球的两倍左右。由于火星的质量

小，重力也小，引力不足以束缚较厚的大气，所以无法和地球一样有厚厚的大气层。火星上的气压不到地球的1%，所以虽然火星和地球的环境很相似，但是两者的不同之处也不少。

大气
像地球上的空气一样，包裹着火星表面的气体。

火星的一个很重要的特点是几乎没有大气层，这就意味着火星无法保存热量，导致火星表面温度极低，很少超过0℃，所以火星表面很难存在液体状态的水。在火星的大气压和温度下，液

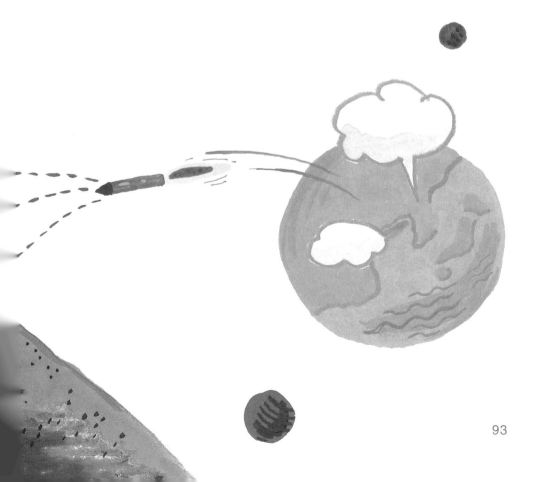

态水大部分会立刻蒸发或者结冰。

但是过去火星表面确实有很多液态的水。1971年发射的火星探测器"水手9号",在火星全境发现了许多干涸的河床,是水流经数千千米形成的河流和支流,以及下过雨的痕迹。科学家在此之后又发现了更多河床,2010年绘制的火星地图上画着超过4万个的火星河床。

不仅是干涸的河床,科学家在火星上还发现了巨大湖泊的痕迹,同时在湖底还发现了好几个三角洲的痕迹。因为三角洲一般需要很长的时间在很深的湖水下才能形成,所以科学家认为这就

是火星曾经有过丰富水源的重要证据。2012年登陆火星表面的"好奇号"火星探测器发来了火星上圆形砾石和鹅卵石的照片，而这样的石头只能在快速流动的水中形成。

虽然火星上是否有大海是一个争论已久的话题，但是最近有研究结果表明，大约在35亿年前，火星表面的三分之一曾是大海。也就是说，在更早时期，火星比现在温暖，大气的量也更多。

重大发现：火星上流淌着液态水！

现在火星上还有液态的水吗？现在火星上的水大部分都是以固态，也就是以冰的形态存在着。2008年，"凤凰号"火星探测器在火星的北极附近着陆，并且确认了火星上有冰块。"凤凰号"火星探测器用长2.4米的机器手臂挖出了火星永冻层（又称永久冻土或多年冻土层）下面的泥土，对其进行加热后确认是水。

火星上大气的主要成分是二氧化碳，所以火星极冠也曾被认为是由固态二氧化碳也就是干冰组成的。但是2003年科学家们在分析了火星探测器收集的资料发现，火星极冠除了地表以外，大

在火星上找到有液态水流动的强有力的证据了，现在只要找到生命体就可以了！

真的吗？

部分都是由水冰组成的。

2010年，火星勘测轨道飞行器发现，如果火星北极的冰块全部融化，水可以覆盖整个火星表面大约5.6米深。火星的南极有更多的冰块，火星的表面也散落着相当多的冰。如果火星两极和表面的冰块全部融化，水可以覆盖火星表面约35米深。而且，科学家发现在火星地下深处有更多的冰块。

极冠

像被冰和雪覆盖的地球的南极和北极那样，某个行星或者卫星被水冰及干冰覆盖的高纬度地区称为极冠。

在火星的大气压和温度环境下，地表的水是无法以液体状态稳定存在的，但是在2006年NASA公开了一组非常有趣的照片，即火星探测轨道飞行器在1999年和2005年分别拍摄了同一个地区的两张照片。有趣的是，在1999年拍摄的照片中看不到的痕迹，在2005年拍摄的照片中却非常明显，这被认为是火星地下水从地表流出来的痕迹。

2015年9月，NASA发布了一个预告性的"重大科学发现"：在火星上可能找到了液态水流动的强有力的证据。来自火星探测器的数据和研究表明，在火星表面一些陨石坑的坑壁上观察到的神秘暗色条纹，可能与间断性出现的液态水体有关，这些出现在坑壁上的暗色条纹，可能是含盐水体沉积过程产生的结果。在较温暖的季节，这些线条的颜色变得更深，表明水流在斜坡上出现。在较冷的季节，这些地表特征变浅。由于盐分会降低水的凝固点，所以在低于水的凝固点的温度下，含有盐分的水也能以液态存在。

火星探测仍在继续

火星上如果有液态水的话，那生命体也能生存吧？我们已经确认，地球上只要有一滴水就有生命体，那火星究竟会怎么样呢？

遗憾的是，火星与地球相比，有一个非常不适合生命体生存的问题，那就是放射线。宇宙中来自太阳和其他地方的高能放射线是非常强的。

放射线

放射线指拥有很高能量的粒子或电磁波。

地球非常幸运，是因为有足够强的磁场和足够厚的大气层，可以阻挡宇宙射线，所以生命体在地球上才能生存下来。但是火星没有足够强的磁场和足够厚的大气层，无法阻挡来自太阳和太空里的宇宙辐射。虽然火星比地球离太阳更远，但是火星表面的辐射是地球的100倍，这样的强度是地球上任何生命体的细胞都无法耐受并存活下来的。

如果生命体要想避开宇宙射线的持续辐射，就必须待在火星的地下深处。据说地球上抗辐射能力最强的细菌，在火星表面也会灭绝。可见，目前火星上的环境非常不适合生命体的生存。

根据勘探结果，过去火星地表存在过生命体的概率是很大的。尽管目前在火星表面发现活着的生命体的可能性不高，但在可以避免辐射的火星地下深处，生命体还是有可能存在的。而且，科学家在火星地表找到证明生命体曾经存活过的痕迹的可能性还是有的。

2018年11月，美国"洞察号"火星无人着陆探测器登陆火星，首次深入火星内部，通过测量地理、地震和热传输对火星内部进行勘探。2021年2月，美国"毅力号"火星探测器登陆火星并完成首次火星行走。2021年5月，中国"祝融号"火星车成功登陆火星，对火星的矿物、磁场、冰层、气象等方面开展综合研究。火星探测仍在继续，如果我们想在地球以外发现生命体或生命体的痕迹，那么这个地方最有可能就是火星。

火星上的水为什么没有了？

火星也曾和地球一样美丽

下面的图片是科学家复原的火星在失去水之前的样子。你能相信下面这么蔚蓝、美丽的星球就是现在这个干燥的红色行星——火星吗？

是什么让火星上的水消失了呢？

火星上的水会消失，是因为曾经火星上拥有的丰富大气层逐渐消失了。大气层是指包裹行星的气体。金星、木星及土星等也都有由二氧化碳、氢气、氦气等组成的大气。地球被含有大量氮气和氧气的大气层包围着。

地球的大气层是所有生命的保护盾

地球的大气层不仅使地球的温度维持在一个合适的范围内，还能阻挡进入地球的有害宇宙辐射和太阳的紫外线。此外，当一些陨石之类的天体碎片与地球相撞时，它们会和大气发生摩擦进而燃烧并缓慢掉落，大气层仿佛就是地球的保护盾。

火星上的大气为什么会消失呢？

火星上的大气会消失，是因为从太阳飞来的强烈粒子"太阳风"和组成火星大气的粒子发生强烈撞击，从而使火星大气中的粒子飞到宇宙中去了。地球的磁场能挡住来自太阳的粒子，但是火星上没有磁场，所以火星的大气层会变得稀薄。其实过去火星上也曾有磁场，但随着磁场变弱，大气层也变得稀薄，进而水也逐渐消失了。如果地球没有磁场，它也有可能面临和火星同样的悲剧。

寻找第二个像地球
一样的系外行星

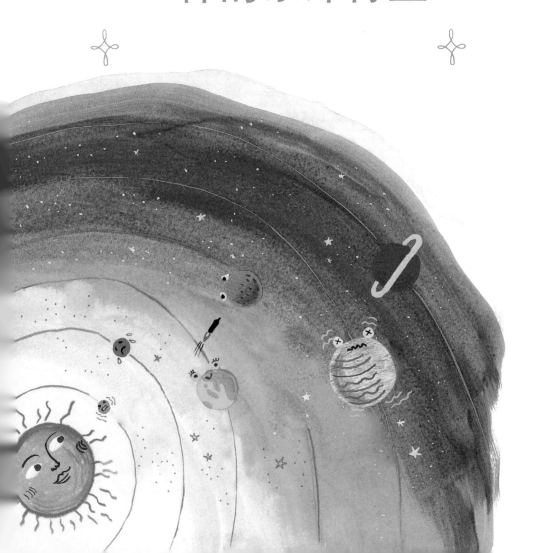

在宇宙中能找到系外类地行星吗？

如果说外星生命体的确存在于宇宙的某个地方，它们在炙热的恒星上应该是无法生存的，而是可能会在围绕恒星旋转的某一个行星或是行星周围的卫星上生活。在太阳系以外，按一定的轨道围绕宇宙中的其他恒星公转的行星被称为系外行星。我们已经知道，宇宙中有无数个恒星，围绕数量如此庞大的恒星旋转的系外行星也势必多如牛毛，其中应该也不乏和地球很相似的满足生命体生存的行星。

仅凭推测是无法得到任何答案的。无论看上去多么正确和完美的推测，如果没有确凿的证据来佐证，从科学上来说便无法被人们认定为事实。天文学家从很久以前，就开始努力寻找围绕其他恒星旋转的系外行星。

宇宙就如同一个空旷无比的黑暗空间，除了太阳系的邻近行星以外，我们能看到的只有远处的恒星散发的微弱光芒。以我们人类目前的科技水平，要想了解太阳系以外的星球，只能认真观测和研究宇宙给我们提供的唯一线索——光，来解开宇宙中太阳系以外的秘密。

我是行星猎人

但是系外行星和地球一样无法自体发光，那该怎么寻找呢？要想发现系外行星，首先要找到像太阳那样的中心恒星——主序星，并观测恒星上光的变化。

1992年，太阳系以外的系外行星首次被发现，是围绕名为PSR B1257的脉冲星旋转的3颗系外行星。脉冲星也叫波霎，是质量非常大的恒星——超新星爆发后诞生的中子星，自转速度极快，能周期性地发射脉冲信号。脉冲星的旋转周期真的非常准确，甚至可以和原子钟相媲美。

原子钟

原子钟是指运用原子振动的原理制造出的钟表，是目前世界上最准确的计时工具。

天文学家发现了这个脉冲星的旋转周期有非常细微地变快、变慢的现象，通过精密地观测和计算，发现是围绕脉冲星旋转的行星导致了这种现象的发生。这是人类历史上第一次发现了太阳系以外的行星。

脉冲星周围被认为是不适合有行星存在的，因为超新星爆发会破坏甚至毁灭行星的轨道。第一颗系外行星的发现完全就是个意外，脉冲星周围发现行星至今为止仍属唯一的案例。该发现在世界天文学界引起了巨大的反响，也为系外行星的探索和研究指明了方向。

在发现系外行星这个领域里，韩国发现了围绕两颗恒星旋转的行星，在发现系外行星方面做出了贡献，那颗行星可以看到两个太阳吧？韩国拥有用于发现系外行星的引力透镜望远镜网络（KMTNet）。在韩国的一部电视剧中，男主人公的故乡是KMT184.05星球，编剧起名的灵感就来自KMTNet。KMTNet在智利、澳大利亚和南非设置了3台口径为1.6米的望远镜，用以发现系外行星。KMTNet是用微引力透镜效应来搜寻系外行星的。

　　根据广义相对论，引力透镜效应是指在受到距离较近的恒星或星系的引力的作用下，距离较远的恒星或星系看上去会变弯曲的现象。如下图所示，因为前面的星系，使得后面的星系看上去

有些奇怪。

微引力透镜效应则不是因为星系的引力而是因为恒星的引力产生的时空扭曲现象，所以规模更小。但在搜寻系外行星的领域，这种现象反而更好。如果太空中某个区域内只有恒星的话，恒星的亮度是固定不变的，但如果那颗恒星周围有行星的话，恒星的亮度会变得复杂多变，由此可以推断其附近有行星的存在。

因为不知道微引力透镜现象在何时何地会发生，所以对于恒星较多的区域进行持续观测是很重要的。所以，KMTNet在南半球设置了3台望远镜，每天24小时持续观测同一个地区来寻找系外行星，也许今后会发现更多系外行星。

寻找系外行星的各种方法

1995年，科学家在一颗和太阳相似的、位于飞马座的编号为51的恒星周围，发现了行星"飞马座51b"。这颗行星是用多普勒移动的方法找到的。移动的物体发出的光，在物体向观测者方向靠近时，其光谱会向波长短、频率高的蓝色一方移动，称为"蓝移"；反之，在物体离观测者越来越远时，其光谱就会向波长长、频率低的红色一方移动，称为"红移"。这是1842年由奥地利物理学家克里斯琴·多普勒发现的，也是较早被用于研究恒星移动的非常重要的方法。

如果行星围绕中心恒星公转，受到行星的影响，中心恒星也会发生细微的旋转。在观察这样的恒星时，当恒星靠近我们的时候，光谱波长变短，光谱吸收线会发生蓝移；而当恒星远离我们时，光谱波长变长，光谱吸收线发生红移。这个变化是根据行星的公转周期规律性地发生变化的，所以用这个方法可以发现恒星周围的行星。

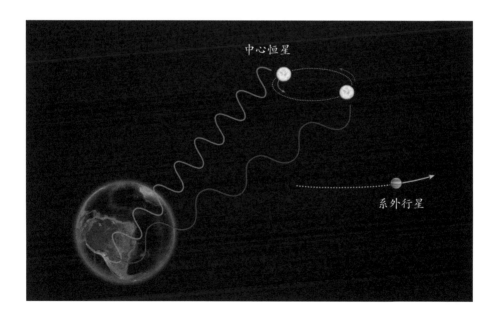

多普勒移动方法非常有利于科学家发现质量大且靠近恒星的行星。因为质量大的行星会让恒星移动得更快，科学家用恒星的移动速度可以计算出行星的质量，所以在寻找系外行星的早期，这个方法是使用最多的。该方法出现以后，系外行星的搜寻也成了天文学中最热门的主题。

寻找系外行星还有另外一种方法。行星公转时，经过中心恒星前面时会遮挡住恒星的光芒而使星光变暗，这叫凌日现象。所以通过捕捉恒星的亮度变化，科学家就能知道在它周围是否有行星、行星的大小等信息。比如，木星的直径大约是太阳的十分之一，面积是太阳的一百分之一，如果木星经过太阳前面的话，太阳的光会被遮挡掉一百分之一。而地球的直径大约是太阳的一百分之一，所以地球经过太阳前面时会挡住太阳一万分之一的光芒。科学家用光线变暗的程度可以确定行星的大小，结合公转周期还可以计算出从恒星到行星的距离。

开普勒太空望远镜就是用这个方法找到了系外行星。法国巴黎天文台网站上的"系外行星百科全书"栏目显示，截至2021年10月，科学家们发现的系外行星超过4 800个。可见，在系外行星发现方面，开普勒太空望远镜起了很大的作用。从2009年发射到2018年正式退役，开普勒太空望远镜共发现了2 662颗系外行星。

　　凌日现象的发生往往前后只有几个小时，如果要对所有对象进行持续不断的观测，望远镜观测的范围就不能在观测期间被挡住。因此，开普勒太空望远镜不是围绕地球旋转，而是围绕太阳旋转的。

　　同时，为了一次能观测大量的恒星系统，开普勒太空望远镜是在银河系天鹅座附近进行观测的。开普勒太空望远镜的观测范围并不是整个太空，而是只对太空中大约一个手掌大小的范围进行观察，即便如此也发现了2 662颗系外行星，以此我们可以估

测，系外行星应该非常多。

与地球相似的系外行星

近几年，以"发现第二个地球"为标题的新闻常常出现。因为发现了大量的系外行星而被称为"行星猎人"的开普勒太空望远镜，也找到了10多个与地球相似的行星。其中最受关注的行星是在2015年发现的系外行星"开普勒–452b"。开普勒–452b位于距离地球约1 400光年的地方，围绕一个和太阳非常相似的恒星以大约385天为周期进行公转。这颗行星的大小约是地球的1.6倍，位于适合生命存在的"宜居带"。

行星如果距离中心恒星太近，生命体会由于过热而难以存活，距离太远则温度太低，生命体也很难生存。由于需要液态水的存在，行星和中心恒星的距离必须不近也不远，这个区域被称为"宜居带"。在这个区域的行星上，以某种形态存在生命体的可能性是非常高的。

行星的起名，是在恒星名字后按照被发现的先后顺序加上从b开始的小写字母。从b开始，是因为a代表的是处于中心位置

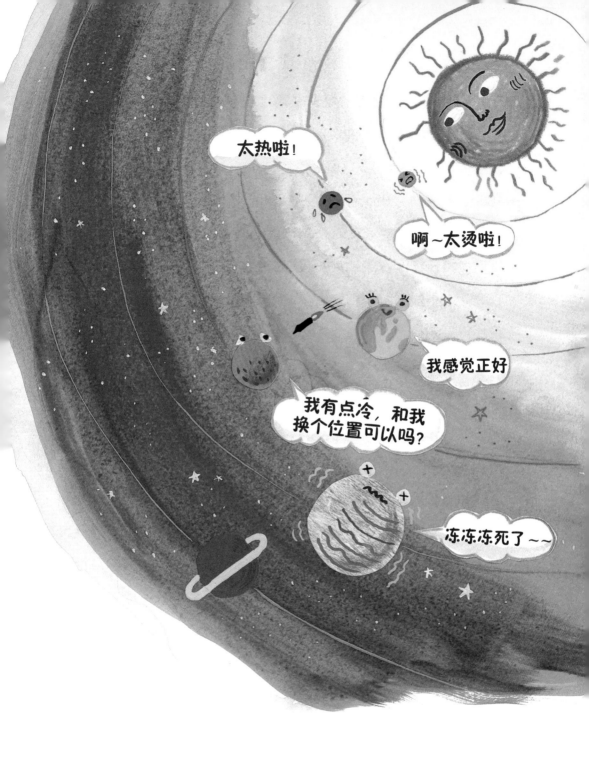

的恒星。如果同时在一颗恒星周围发现多个行星的话，就从离恒星最近的行星开始起名。比如"开普勒–186f"这颗行星的名字，"开普勒–186"是恒星的名字，在这颗行星的内侧有开普勒–186b、开普勒–186c、开普勒–186d、开普勒–186e四颗行星。

开普勒太空望远镜对系外行星的发现起到很大的作用。它退役后，接任继续探索系外行星任务的，是2018年4月18日发射的TESS太空望远镜。相信今后一定会发现更多适合生命体生存的系外行星。

探索更多的系外行星

目前在天文学领域里，寻找系外行星的工作正如火如荼地开展着。随着观测和研究的不断深入，天文学家发现宇宙中的行星要比预想的多得多。天文学家初步推断，仅银河系拥有的与地球环境相似的系外行星就超过1亿颗。虽然天文学家不能直接确认这些系外行星上是否有外星生命体的存在，但至少可以得知，外星生命体能生存的地方其实有很多。

最近，人工智能技术也参与到搜寻系外行星的工作中来，甚至许多对科学研究很感兴趣的普通人也加入数据分析工作中。在系外行星中，有同时围绕2颗恒星旋转的天体，也就是说在那颗行星上有2个太阳升起、落下。有3个太阳或是4个太阳的行星也在不断被天文学家发现。从某种意义上讲，我们地球人在这广袤的宇宙中也是"外星生命体"，从其他的星球上看我们的话，我们也是外星人呀。随着我们对系外行星进行越来越多的研究，我们对于自身所处的太阳系也有了更深的理解。原本以为是很遥远的事情，或是和我们的生活毫不相干的系外行星和外星生命体，却以科学探索的名义不知不觉就来到了我们的身边。

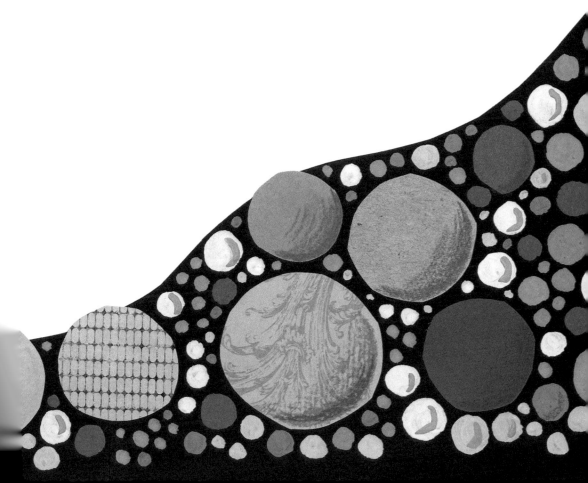

为什么寻找地球的双胞胎兄弟那么难？

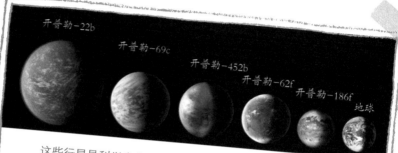

开普勒-22b　开普勒-69c　开普勒-452b　开普勒-62f　开普勒-186f　地球

这些行星是科学家们找到的和地球较为相似的系外行星。科学家们要想找到与地球环境几乎相同的地球的双胞胎兄弟——第二个地球，这个行星就需要满足这几个条件：围绕着和太阳类似的恒星旋转，其和恒星之间的距离与地球和太阳之间的距离差不多，质量和地球相近。

地球　格利泽 667Cc　开普勒-22b　HD 85512b　格利泽 581d

上图中的后四幅景象是根据科学推测画出的，发生在类地行星上落日时分的晚霞。科学家推测，虽然系外行星是极其遥远的地方，但这些景色看上去应该和我们生活的地球景色非常相似。

寻找地球的双胞胎兄弟并不那么容易。虽然天文学家们可以通过凌日现象，即行星挡住恒星的光芒来寻找系外行星，但是地球的直径只有太阳的一百分之一，只能挡住太阳光的一万分之一，所以恒星的光芒只能发生一点点的变化。由此可见，寻找地球的双胞胎兄弟有多么不易了。

还有一点，行星与恒星的距离，和地球与太阳的距离相似，这样的话，行星的公转周期差不多就是一年，也就是说，在行星遮挡恒星的现象发生后，下次再发生需要等待一年的时间。一般情况下，想要确认行星需要持续观测3年左右的凌日现象，也就是说，要想判断某颗行星是不是地球的双胞胎兄弟，至少需要3年的时间，难度自然就不言而喻了。

踏上寻找外星智慧
生命体的科学之旅

不只是搜寻，试着收收信号吧

地球在宇宙中绝不是特殊的存在，构成生命体的原料在宇宙中无处不在，可能有超过数百亿、数千亿甚至数万亿的系外行星，遍布宇宙中。所以我们在仰望星空时会不禁发出疑问："这么大的宇宙不可能只有我们地球人吧？"智慧生命体在宇宙某个地方存在的可能性还是相当高的吧？

但是宇宙实在是太大了，目前我们尚且无法进行星际间的旅行。即便是拥有比我们人类更发达、更先进的技术的外星生命体，星际旅行对他们来说也绝非易事。所以，科学家们开始寻找其他可以确认外星生命体存在的方法。

第二次世界大战结束后，利用无线电波传送信息的无线通信技术得到了飞速的发展，同时，观测宇宙电波的射电天文学开始兴起。用射电望远镜观测宇宙的天文学家认为："如果外星生命体用电波作为通信手段的话，我们人类是不是应该能捕捉到这个信号呢？"

1959年，天文学家菲利普·莫里森和朱塞佩·科可尼在《自然》杂志上发表了一篇题为《寻求星际交流》的论文，之后，该类研究蓬勃发展起来。

即使外星智慧生命体真的发出了信号，我们想要接收也不是个简单的问题。"需要观测什么？""信号需要多久才能被接收到？""我们人类会收到什么类型的信号？"需要考虑的问题一大堆，其中最重要的问题是会收到什么频率的信号。

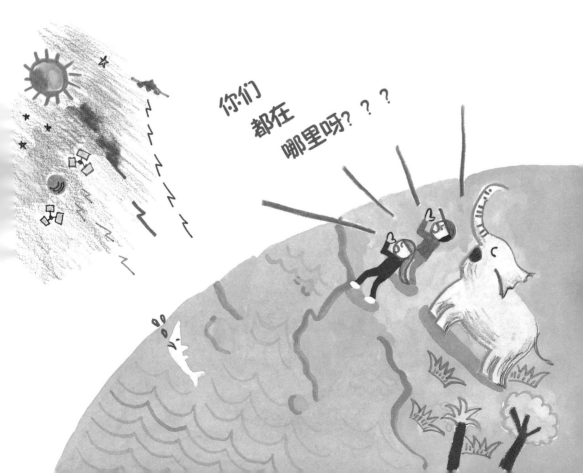

假设外星生命体是用电波作为通信方式，如果我们不知道他们用的是什么频率，该怎么样去做呢？那就需要接收所有频率的电波，这是不可能的。外星生命体向外部发送信号，但是我们不知道准确的频率，只是漫无目的地搜索，这样错过信号的可能性太大了。

菲利普·莫里森和朱塞佩·科可尼在1959年发表的论文中讨论的就是这个问题。他们认为，1420兆赫是外星生命体最有可能选择的通信频率。为什么呢？我们之前已经说过，宇宙中最丰富的元素是氢，在宇宙中，氢原子经常释放的是波长为21厘米的电

波，这个波长对应的频率就是1420兆赫。所以大部分的射电望远镜也是调在1420兆赫这个频率来接收电波的。

外星生命体如果也是通过电波来观测宇宙的话，当然也就能观测到1420兆赫的电波，自然也会有接收这个频率的电波接收器。他们也会想到，如果有对于他们来说的外星生命体，必然也有可以接收这个频率的电波接收器。所以说，如果他们想给外界发送信号的话，选择这个频率的可能性最大。

寻找外星生命体的"宇宙文明方程式"

基于这样的想法，当时非常年轻的射电天文学家弗兰克·德雷克开始了"搜寻地外文明计划"（SETI计划）中最早的名为

"奥兹玛"（OZMA）的项目，奥兹玛是童话《绿野仙踪》里魔法王国奥兹国的公主的名字。

1960年4月11日上午6时，弗兰克·德雷克将射电望远镜瞄准了两颗近距恒星。这两颗近距恒星是和太阳类似的，距离我们10~12光年的天仓五（Tau Ceti）和天苑四（Epsilon Eridani），用射电望远镜以21厘米的波长为中心进行信号接收，之后每天接收6小时，一直持续到当年7月左右，总共进行了大约400小时。虽然天文学家在当时收到的数据中并没有发现外星文明的信号，但作为SETI计划开始后的第一个尝试，是非常有价值的。

德雷克提出了计算银河系内可能存在的能与我们交流的地外文明的方程式，这就是著名的"德雷克方程式"，也称为"宇宙文明方程式"。虽然根据不同的条件，用此公式求得的数值会大相径庭，但是随着科学技术的不断发展，会不会求得的数值也越来越准确呢？

德雷克方程式

$N = N_* \times f_p \times f_h \times f_u \times f_i \times f_c \times T$

各项代表的意思如下：

N：银河系内可能与我们通信的文明数量

N_*: 银河系内恒星形成的速率

f_p: 恒星带有行星系统的概率

f_h: 行星系统中至少有一个生命体能生存的行星的概率

f_u: 在生命体能生存的某个行星上出现生命体的概率

f_i: 出现生命体的行星中演化出智慧生命体的概率

f_c: 智慧生命体具有可通信技术文明的概率

T: 这个文明可存续的时间

SETI计划让人类认识到地球的珍贵

SETI计划在20世纪70年代受到了很多关注。1974年，天文学家用当时世界上最大的射电望远镜"阿雷西博射电望远镜"，向距离地球大约25 000光年的球状星云M13发送了无线电信号。可见，我们人类也并非只是等待接收宇宙信号，同时也向太空发送了信号。

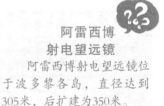

阿雷西博射电望远镜

阿雷西博射电望远镜位于波多黎各岛，直径达到305米，后扩建为350米。

球状星云

由数万到千万颗以上恒星聚集形成的球形的星云。

依照天文学家卡尔·萨根的提议，科学家在1972年发射的太空探测器"先驱者10号"上，放置了一张记录地球人类信息的金属板名片。后来，科学家在1977年发射的"旅行者1号"和"旅行者2号"上，放置了装载有更多地球信息的唱片，这算是地球人直接给外星生命体发送的信息了。"旅行者1号"和"旅行者2号"，这两个太空探测器至今仍在宇宙中旅行呢。

当然，这些信号被外星生命体接收到的可能性实际上非常小。M13在距离地球大约25 000光年以外，即使有外星生命体在那里，他们收到信号也要在25 000年以后。而且M13一直在移动，

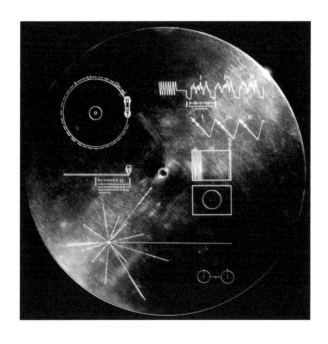

等到我们发送的信号在25 000年以后到达，M13也已经不在原来的位置了。"旅行者1号"和"旅行者2号"要到达其他任何一颗恒星附近，都需要数万年的时间。

从某种意义上来说，这些信号不是为了外星生命，而是为了我们人类而存在着。宇宙是如此广阔无垠，虽然有无数的恒星和星系，但星际间遥远的距离注定让我们很难接触到其他外星生命体。

在这样的宇宙中，想到地球以外可能存在其他生命体，会让人们变得更加谦虚、更加团结，会让人们反思，为了我们赖以生存的地球而多做贡献。卡尔·萨根以"SETI计划"为主题写了一部小说《接触》，这部小说后来被拍成了电影，SETI计划才逐渐被普通人所熟知。

向未知的世界发射宇宙飞船

虽然在20世纪90年代，SETI计划曾经短暂地得到NASA的正式资助，但此后大部分都是由民间来提供资助，其中最具代表性的就是SETI研究所。SETI研究所开发了SETI@home的分布式计算项目，是一个通过互联网利用家用个人计算机处理天文数据的分布式计算项目。天文数据来自阿雷西博射电望远镜。

2000年，在微软共同创始人保罗·艾伦的支持下，SETI研究所建设了42台直径为6.1米的射电望远镜，这使得SETI的项目得到了很大的发展，这些射电望远镜也被称为"艾伦望远镜阵列"。

2015年，SETI计划获得了比以往更多的支持，这需要感谢2015年建立的"突破创新计划"（breakthrough initiatives）。这项计划制定了10年以上的长期目标，目的是在100万颗恒星中寻找人造电波或激光信号。

"突破创新计划"中的"突破摄星"（breakthrough star-shot）项目是个更有趣的项目。这个项目是将智能手机大小的"宇宙飞船"——探测器发射到太空中，探测器在轨道中打开光帆，然后科学家从地球上发射高能激光为探测器加速，使其以光速的五分之一的速度飞往离我们最近的恒星系。最近的比邻星距离地球约4.2光年，探测器以这个速度大约20年后可以到达。这是一项用无人探测器把目前不可能的事情变成可能的计划。恰好比邻星也有和地球非常相似的行星，说不定将来就能首次发现其他星球上的生命体。这个项目是由包括2018年已经离世的史蒂芬·霍金在内的多位世界顶级科学家们共同参与的。寻找外星智慧生命体不再是科幻电影或想象的范畴，而是由科学家们亲自参与的更加现实的事情了。

我们也是宇宙中的外星生命体之一

科学探索和发现绝不是一朝一夕就能得到结果的。某个天才科学家有一天突然拿出一个令人惊叹的科研成果，这种事情几乎不可能发生。再小的科学发现也是许多科学家在经历无数次失败和巨大的挑战后，通过惊人的毅力和不懈的努力得来的。特别是天文学，必须以长期积累的知识为基础，经过不断观测，探寻更准确的测量方法，通过大量的计算和分析，才终于走到今天的发展程度。站在巨人的肩膀上，用科学知识装备自己，再抬头仰望美丽的星空，我们不禁感叹，宇宙中有无穷无尽的世界，而地球毫无特别之处，所以在宇宙的某个地方很可能会存在外星生命体，也很可能有能和我们交流的智慧生命体。虽然不知道何时才能遇见外星生命体，但是相信在不远的未来，确认外星生命体存在的日子一定会到来。

在寻找外星生命体的同时，我们更加努力地研究地球生命体。在制作发送给外星文明的信息时，我们也回顾和反思了人类的文明。在寻找外星生命体的过程中，人类也对"我们是谁"有了更加深刻的认知。

好了，你对这场寻找外星生命体的科学旅行感觉如何？去未知的世界进行冒险总让人觉得兴奋和刺激，你想和外星生命体沟通与交流吗？未来，科学会为大家揭开更多的谜底，我也会为大家充满挑战和冒险的科学旅行继续加油助威！

图 片 版 权 ◇◇

◇◇